ENE
and the
Magic Steps
A Scientific Adventure

y los Escalones
Mágicos
Una Aventura
Scientífica

Illustrated by
Cecilia La Rosa

Laura P. Schaposnik

¡ENCUÉNTRAME TAMBIÉN!

ENCUENTRA LOS NÚMEROS

A la memoria de mi querido padre Fidel, cuya pasión por la física iluminó la mente de tantos niños y adultos, dejando una huella imborrable en cada uno de ellos.

In memory of my father Fidel, whose love for physics inspired and touched the lives of so many.

This edition was first published in 2023 by Schapos Publishing, Chicago - USA.
schapospublishing.com

English-Spanish bilingual edition   © Schapos Publishing 2023

Text by Laura P. Schaposnik   © Schapos Publishing 2023
Illustrations by Cecilia La Rosa   © Schapos Publishing 2023

Edited by Laura P. Schaposnik.
Typesetting in Canterbury.

ISBN paperback: 978-1-7370584-4-1
Library of Congress Control Number: 2023949317
The illustrations were made by Cecilia La Rosa with Procreate & Photoshop, and edited by Laura Schaposnik with Procreate & Photoshop.

SCHAPOS
PUBLISHING

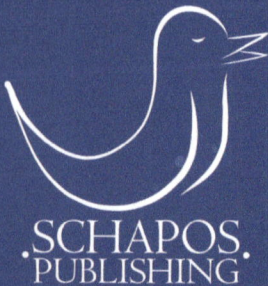

ENE

and the
Magic Steps
A Scientific Adventure

y los Escalones Mágicos
Una Aventura Scientífica

Laura P. Schaposnik

Illustrated by
Cecilia La Rosa

FIND THE NUMBERS

AND ME!

Ene es un ratoncito, lleno de alegría,
Dino es su amigo, valiente cada día.
Juntos viven en una casa de sueños,
con escalones mágicos, grandes y pequeños.

Ene is a little mouse, so full of glee,
whose friend is little Dino, so bold and free.
Together they live in a house of dreams,
with magic steps and enchanted beams.

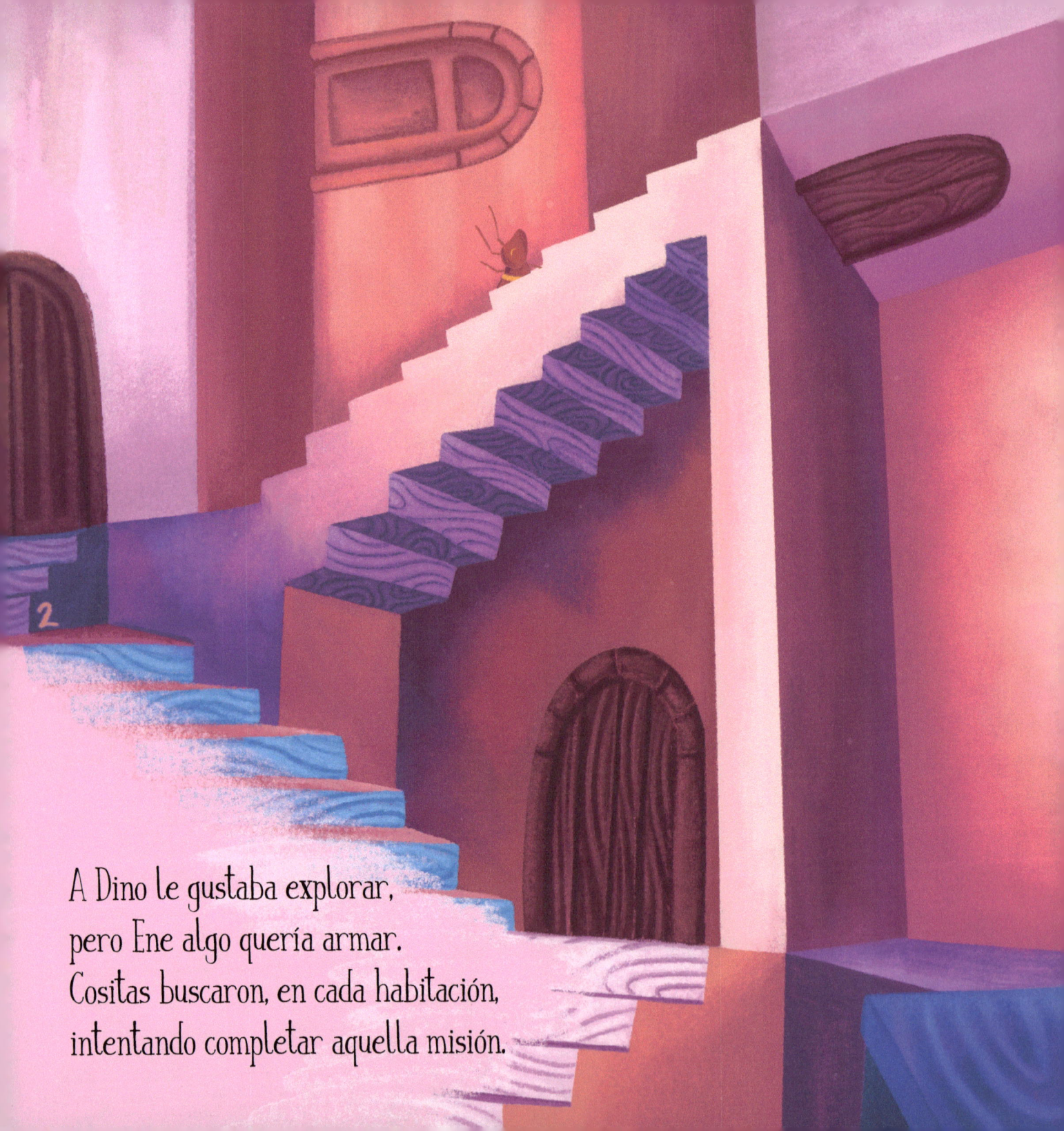

A Dino le gustaba explorar,
pero Ene algo quería armar.
Cositas buscaron, en cada habitación,
intentando completar aquella misión.

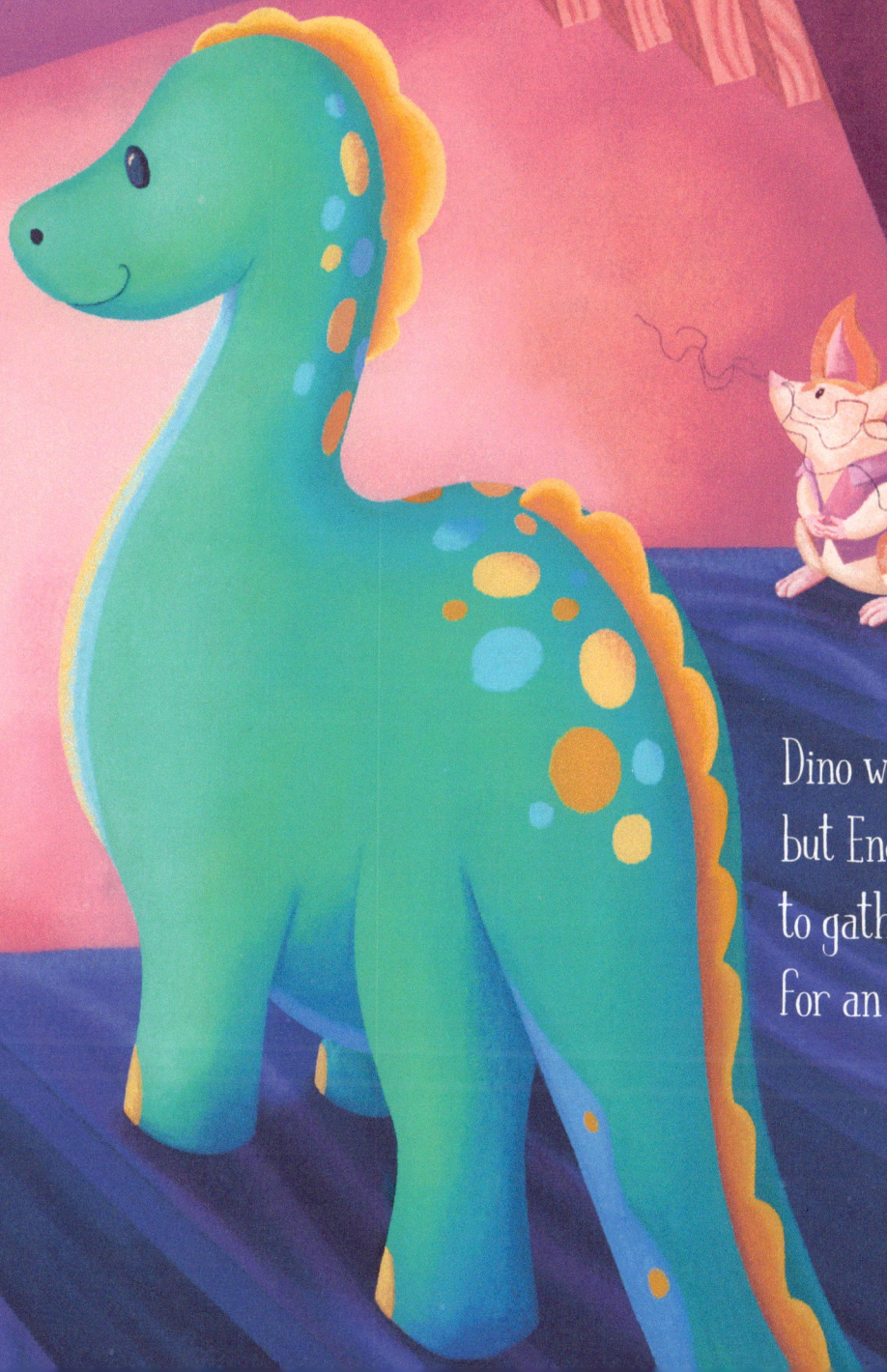

Dino was curious,
but Ene had a scheme,
to gather what they needed,
for an out of this world dream.

En busca de aventura, hacia abajo miraron,
y herramientas de arqueólogos encontraron.

In search of adventure,
they went down low,
where the tools of archeologists
and fossils did glow.

Con herramientas en mano,
subieron cuidadosamente,
para encontrar un laboratorio
hermosísimo, realmente.

With tools in hand,
they climbed the stair,
to find a science lab
beyond compare.

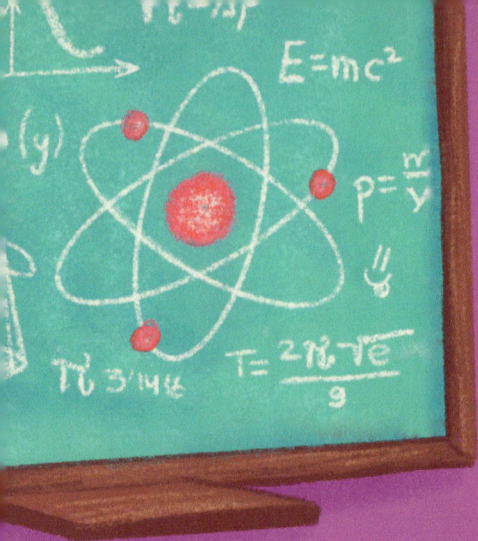

Estaba allí el combustible buscado,
que los llevaría al universo anhelado.

They found the fuel to soar so high,
to touch the vast expanse of sky.

Finalmente al ático decidieron ir,
donde astrofísica y magia podrían surgir.

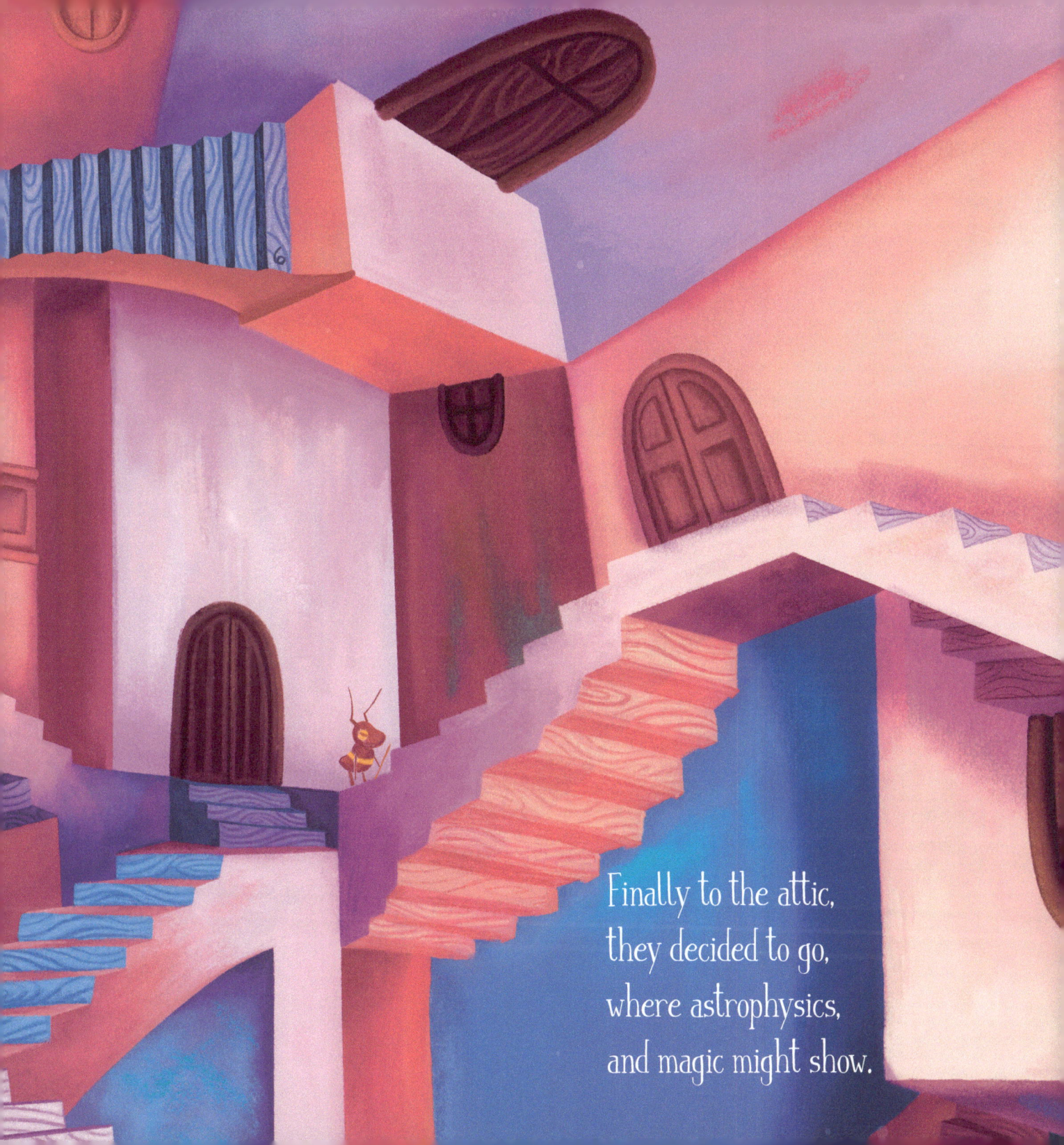

Finally to the attic,
they decided to go,
where astrophysics,
and magic might show.

Their dream was not far,
with joy in their eyes,
they found what they needed,
to soon reach new highs.

Su sueño no estaba lejos:
los ojos brillaron de alegría,
pues juntos, uno al lado del otro,
hallaron lo necesario para volar aquel día.

En el ático encontraron con alegría,
un cohete listo para salir al final del día.

In the attic, a sight so grand,
a rocket, ready to leave the land.

Con todo lo necesario,
el cohete alzó el vuelo,
y hacia los cielos,
ascendieron con gran anhelo.

With all they needed,
the rocket took flight,
and into the skies,
they soared with might.

Bajo la luz de la luna, Ene y Dino vuelan hacia un cometa,
en su nave de sueños, cruzando cada planeta.

Ene and Dino, beneath a bright star,
in their dream house, their tales travel far.

En el sótano Ene y Dino encontraron muchos objetos de paleontología y geología!

In the basement Ene and Dino found many paleontology and geology objects!

Una lupa
A magnifying glass

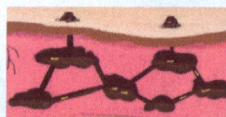

Una colonia de hormigas
An ant colony

Unos fósiles
Fossils

Un cuadro de especies
A species chart

Un esqueleto
A skeleton

Cristales
Crystals

Una planta
A plant

Rocas
Rocks

Cuaderno de notas
Field notebook

Pinzas
Tweezers

Anteojos de trabajo
Safety glasses

Paletas
Trowels

Un martillo
A hammer

Cinceles
Chisels

Un pincel
A brush

Untensillos para escribir
Writing utensils

Una regla
A ruler

Selección de Paleontología
A paleontology pick

En el laboratorio Ene y Dino aprendieron sobre química!

In the laboratory Ene and Dino learned about chemistry!

 Una balanza

A scale

 Un plato de Petri

A Petri dish

 Reactivos

Reactants

 Sustancias fluorescentes

Fluorescent substances

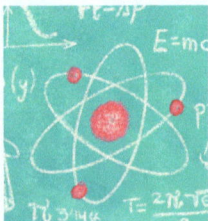 Un átomo

An atom

 Abrazadera de laboratorio

Laboratory Clamp

 Experimentos

Experiments

 Una gradilla para tubos

A tube rack

 Un quemador de alcohol

An alcohol bruner

 Un cuentagotas

A dropper

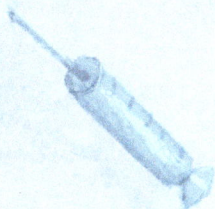 Una jeringa

A syringe

 Un mechero Bunsen

A Bunsen burner

 Un matraz de retorta

A retort flask

 Un embudo

A funnel

 Un cilindro graduado

A graduated cylinder

 Un matraz Erlenmeyer

An Erlenmeyer flask

 Cinta

Tape

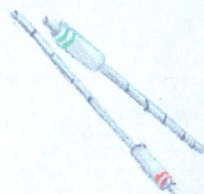 Pipetas

Pipettes

En el ático Ene y Dino descubrieron la física y la astronomía!

In the attic Ene and Dino discovered Physics and Chemistry!

 Un magneto

A magnet

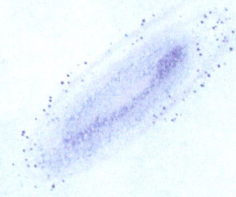 Una galaxia

A galaxy

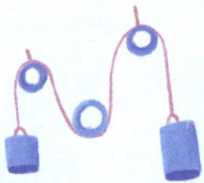 Una fuerza

A force

 Un planeta

A planet

 Un cometa

A comet

 Una luna

A moon

 Una órbita

An orbit

 Una estrella

A star

Un asteroide

An asteroid

Un prisma

A prism

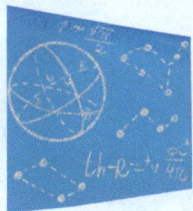

Unos cálculos

Calculations

Sustancia radioactiva

Radioactive container

Electricidad

Electricity

Un miscroscopio

A microscope

Un satélite

A satelite

Un telescopio

A telescope

Un cohete

A rocketship

Un péndulo

A pendulum

ACERCA DE LA AUTORA. Laura P. Schaposnik vive en Chicago con su esposo James Unwin y sus dos hijos, Nikolay y Alexander. Laura nació y creció en La Plata, Argentina, donde se recibió de Licenciada en Matemática. En el 2008 se mudo a Inglaterra, donde recibió un doctorado en Matemática de la Universidad de Oxford. Luego de realizar dos estadías postdoctorales en Alemania, y EEUU, Laura se instaló en Chicago donde actualmente trabaja como Profesora en la Universidad de Illinois en Chicago. Inspirada por las sonrisas de sus hijos al escuchar las historias mágicas de un ratoncito Ene que les contaba, se decidió en el 2021 a comenzar una serie de libros infantiles para enseñar a los pequeños lectores sobre matemática, ciencias, lenguaje y mucho más.

ABOUT THE AUTHOR. Laura P. Schaposnik lives in Chicago, USA, with her husband James Unwin and her two sons, Nikolay and Alexander. Laura grew up in La Plata, Argentina, and completed her undergraduate studies in mathematics in her home city. She then moved to England where she was awarded a DPhil at the University of Oxford. After post-doctoral positions in Germany, and the USA, she then settled in Chicago where she currently is a Professor in Mathematics at the University of Illinois at Chicago. Inspired by the smile of her children when being told magic stories she decided to begin a series of books to teach young children about mathematics, science, and language through the eyes of a little mouse called Ene.

ACERCA DE LA ILUSTRADORA. Cecilia La Rosa nació en España, y reside en Argentina desde hace diez años. Entre saltos de ciudades y países, de vocaciones y profesiones, apareció como por casualidad frente a unos talleres de dibujo, ya a sus casi 18 años, y desde ahí comenzó su increíble viaje por el mundo de la ilustración. Estudió en la Universidad Nacional de Artes, en Buenos Aires, pero finalmente decidió dar un giro y estudiar cine de animación y concept art en el IDAC, de donde se recibió en el 2019. Estudió también ilustración de forma independiente, y trabajó tanto en estudios creativos como por cuenta propia. Actualmente trabaja como ilustradora freelance para diferentes editoriales y autores de todo el mundo, y se especializa en el área infantil y juvenil, siendo los libros lo que más disfruta de ilustrar.

ABOUT THE ILLUSTRATOR. Cecilia La Rosa was born in Spain, and has lived in Argentina for ten years. Between skipping cities and countries, vocations and professions, she appeared as if by chance in front of drawing workshops, already at almost 18 years old, and from there she began her incredible journey through the world of illustration. She studied at the National University of Arts, in Buenos Aires, but finally decided to take a turn and study animation film and concept art. Currently she works as a freelance illustrator for different publishers, companies and authors around the world. She specializes in illustration for children's books and Young Adult novels, which are the areas she most enjoys illustrating.

www.ingramcontent.com/pod-product-compliance
Lightning Source LLC
Chambersburg PA
CBHW050913210326
41597CB00002B/101